发现身边的科学
FAXIAN SHENBIAN DE KEXUE

有趣的惯性

王轶美　主编

贺杨　陈晓东　著　上电一中华"华光之翼"漫画工作室　绘

U0181744

中国纺织出版社有限公司

咚咚："哎呦！爸爸你慢点儿开车，我的鼻子都快撞到座椅后背上去了！"

爸爸："实在不好意思，刚才刹车太急了。"

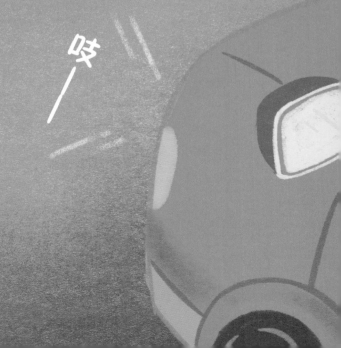

咚咚："为什么刹车太急会让我撞到座椅后背上去呢？"

爸爸："哦，这是由于你有惯性啊！"

咚咚："什么是惯性？"

爸爸："我们所有的物体都有惯性，这个问题，到家之后，再让你探个究竟。"

咚咚:"爸爸现在你能告诉我什么是惯性了吧!"

　　爸爸:"好的,没问题!你先看看这个,不碰杯子,你能不能把杯子底下的钱拿出来呢?还不能摔碎杯子哦!"

咚咚试了试，但失败了，杯子倒了。

咚咚："这个……有点儿难吧！钱被压住了啊！"

爸爸："那你别急，我拿个鸡蛋，这回鸡蛋可没被压住哦，同样是不碰杯子，你能让鸡蛋掉到杯子的水中吗？"

咚咚："我来试试！哎呀，鸡蛋摔到桌面上了！"

爸爸："你还没掌握技巧呢，看我的！"

嗖——卡片被迅速抽走，而鸡蛋却竖直地掉进了杯子里。

1. 把卡片放在杯子上，注意要尽量选择光滑有硬度的卡片；

2. 把鸡蛋放在卡片上，尽量放置在杯口的正上方；

3. 快速抽出卡片，注意要朝着水平方向抽出。

　　快速抽出卡片时，由于鸡蛋依然要保持原来的静止状态，手对卡片的拉力已经远远大于鸡蛋和卡片之间的静摩擦力了，因此鸡蛋没有和卡片一起被抽出，而是掉到了下面的杯子里，这是因为鸡蛋具有惯性。

咚咚："太神奇了！原来快速抽出卡片，鸡蛋就会原地不动。"

爸爸："对！再用同样的方法，尝试把杯子底下的钱拿出来吧！"

咚咚："成功啦！"

爸爸："真棒！看来你已经掌握了惯性的技巧了。"

物体保持静止状态或匀速直线运动状态的性质，称为惯性。我们生活中所有的物体都具有惯性，惯性是物质固有的属性，如果没有外力影响的话，每一个物体总想着保持原来的状态。也就是说，原来物体是静止的，你不动它，它就总是"不想动"，若原来物体是匀速直线运动的，你不动它，它就还会继续那样运动下去。

伽利略斜面实验

  几百年前的大科学家牛顿就仔细研究了惯性，他在总结前人经验的基础上，提出了牛顿运动定律，并写在了《自然哲学的数学原理》这本科学巨著里，其中牛顿第一运动定律，指的就是惯性定律，揭示了力和运动状态的关系。

  这里不得不提到的"前人"，就是意大利科学家伽利略了。伽利略研究了运动学的很多问题，比如：速度、重力、自由落体和惯性现象。他做了一个小球实验，发现斜面的表面越光滑，小球就会滚得越远。于是，他就推论，如果斜面绝对光滑，没有摩擦阻力，当斜面一边变成水平时，小球将永远滚下去。

牛顿（1643—1727），英国著名的物理学家，百科全书式的"全才"，被誉为"物理学之父"。他发现的运动三定律和万有引力定律，为近代物理学和力学奠定了基础，他的万有引力定律和哥白尼的日心说奠定了现代天文学的理论基础。

爸爸："就像今天，本来我们和车子都保持着匀速直线运动，但是突然刹车，车马上停下来了，可是我们的身体却还在向前运动，所以你就差点儿撞上座椅后背啦！"

咚咚："噢——原来是这么回事！看来物体也很'懒'啊！"

爸爸："哈哈，所以，人们也称惯性定律为惰性定律。"

一起来挑战

准备工具

手掌大小的圆环
一支铅笔
小螺丝帽
一个酒瓶

实验步骤

扫一扫，
观看实验视频

1. 找一个手掌大小的圆环（圆环有一定的宽度，可以放置小螺丝帽）。

2. 先将圆环放在酒瓶口上，再在环顶放上小螺丝帽。

3. 用一支笔横向敲打圆环，开始你的挑战。

找找看小螺丝帽哪里去了？

绘图：查筱菲　王悦　余宛汭　潘晓燕　黄郁璇

23

图书在版编目（CIP）数据

发现身边的科学.有趣的惯性/王轶美主编；贺杨，陈晓东著；上电－中华"华光之翼"漫画工作室绘.－－北京：中国纺织出版社有限公司，2021.6

ISBN 978-7-5180-8347-3

Ⅰ.①发… Ⅱ.①王… ②贺… ③陈… ④上… Ⅲ.①科学实验－少儿读物 Ⅳ.① N33-49

中国版本图书馆CIP数据核字（2021）第023328号

策划编辑：赵　天　　特约编辑：李　媛

责任校对：高　涵　　责任印制：储志伟　　封面设计：张　坤

中国纺织出版社有限公司出版发行

地址：北京市朝阳区百子湾东里 A407 号楼　邮政编码：100124

销售电话：010—67004422　传真：010—87155801

http://www.c-textilep.com

中国纺织出版社天猫旗舰店

官方微博 http://weibo.com/2119887771

北京通天印刷有限责任公司印刷　各地新华书店经销

2021 年 6 月第 1 版第 1 次印刷

开本：710×1000　1/12　印张：24

字数：80 千字　定价：168.00 元（全 12 册）